Sarah Swienty

Unterrichtsbesuch Bruchrechnung - Stationenlernen

GRIN Verlag

Bibliografische Information der Deutschen Nationalbibliothek:

Die Deutsche Bibliothek verzeichnet diese Publikation in der Deutschen Nationalbibliografie; detaillierte bibliografische Daten sind im Internet über http://dnb.d-nb.de/ abrufbar.

Impressum:

Druck und Bindung: Books on Demand GmbH, Norderstedt Germany
ISBN: 978-3-656-06410-7

Dieses Buch bei GRIN:

http://www.grin.com/de/e-book/181772/unterrichtsbesuch-bruchrechnung-stationenlernen

„Fit für die Bruchrechnung - Ein Stationenlernen“

Unterrichtsentwurf: 1. Unterrichtsbesuch Fachseminar Mathematik 27.05.2011

LAA:	Sarah Swienty (Lehramt Sek. I, Mathematik, Geographie)
Schule:	
Fach:	Mathematik
Klasse:	6a
Raum:	R 10
Datum:	27.05.2011
Stunde:	3. Stunde, 10:00 Uhr – 10:45 Uhr

1. Thema der Unterrichtsreihe

Nach den Osterferien wurde mit dem Thema „Brüche" begonnen. Das Thema erlaubt im Mathematikunterricht, beginnend bei der alltäglichen Verwendung, eine Vielzahl von Zugängen, vor allem was die Darstellung von Brüchen, aber auch die mathematische Operation mit Brüchen betrifft. Die Einführung erfolgte über den alltäglichen Umgang mit Bruchzahlen. Der Bruch als Teil eines Ganzen wurde dann über die ikonische Darstellung bis hin zur mathematischen Schreibweise erweitert. Anschließend wurden Strategien, wie die Teilbarkeitsregeln für das Kürzen von Brüchen entwickelt und Vielfache natürlicher Zahlen für das Erweitern von Brüchen wiederholt. Diese Grundkenntnisse bildeten das Fundament für die letzte Unterrichtsstunde, welche die Grundrechenarten (Addition und Subtraktion) der Bruchrechnung zum Thema hatten.

Gliederung der Unterrichtsreihe:

1. Brüche im Alltag: Vom Bruchteil zum Ganzen; Darstellungsformen von Brüchen (Streifen- und Pizzamodell)
2. Stunde: Grundbegriffe der Bruchrechnung; Teiler und Vielfaches; Teilbarkeitsregeln
3. Stunde: Erweitern und Kürzen; Multiplikation mit natürlichen Zahlen
4. Stunde: Addition und Subtraktion von Brüchen

5.-8. Stunde: Fit für die Bruchrechnung – Ein Stationenlernen

9. Stunde: Dezimalbrüche

Die heutige Unterrichtsstunde ist ein Teil der Unterrichtseinheit „Fit für die Bruchrechnung – Ein Stationenlernen", welche den SchülerInnen die Gelegenheit gibt das breite Spektrum der erarbeiteten Unterrichtsinhalte zur Bruchrechnung zu wiederholen und zu vertiefen. In den nächsten beiden Unterrichtsstunden wird das Stationenlernen noch weiter fortgesetzt, bevor im Anschluss die Thematik der Dezimalbrüche im Unterricht behandelt wird.

Die einzelnen Stationen bieten neben Einzelaufgaben auch die Möglichkeit zur Partnerarbeit und verfolgen insgesamt das Ziel eines handlungs- und produktionsorientierten Matheunterrichts. „Im handlungsorientierten Unterricht lernen die Schüler, nach dem Prinzip der Selbstständigkeit sich handelnd Kenntnisse und Fähigkeiten sowie auch Einstellungen und Verhaltensweisen anzueignen.[1]" Somit soll der Lernende nicht „belernt" werden, sondern sich

[1] Rinschede, Gisbert (2007): Geographiedidaktik. 3. Auflage, S.184.

eigenständig durch ein ausgewogenes Verhältnis zwischen Kopf- und Handarbeit mit dem Lerngegenstand auseinandersetzen.[2]

Einzelarbeit

Partnerarbeit

Insgesamt umfasst das Stationenlernen zum Thema Bruchrechnung 12 Stationen. Diese sind in zwei Bereiche, den Bereich der Pflichtstationen und den Bereich der Wahlstationen unterteilt. Festgelegt sind 5 Pflichtstationen, die zunächst alle SchülerInnen verpflichtend bearbeiten müssen. Durch diese Vorgehensweise soll abgesichert werden, dass alle Lernenden über das gleiche Basiswissen verfügen, um dann individuell an den Wahlstationen ihre Kompetenzen zu vertiefen. Die Festlegung der Basisstationen ergibt sich daraus, dass die Wahlstationen auf die Pflichtstationen aufbauen. Nachdem die Pflichtstationen bearbeitet worden sind, können die SchülerInnen an den Wahlstationen weiter arbeiten. Sie dürfen selbstständig die Entscheidung treffen, an welcher der Wahlstationen sie weiter arbeiten möchten. Es wird jedoch vorausgesetzt, dass sie sich mit mindestens 5 der 7 Wahlstationen auseinandersetzen.

Um den Ansprüchen der Differenzierung gerecht zu werden, steht den SchülerInnen frei, mit welchem Anforderungsniveau sie sich in den Wahlstationen auseinandersetzen möchten. Um ihnen eine Orientierungshilfe zu geben, sind alle Stationen mit dem entsprechenden Schwierigkeitsgrad gekennzeichnet. Ferner wird an allen Stationen der Schwierigkeitsstufe 3 eine Hilfe angeboten, um über eventuelle Komplikationen hinwegzuhelfen und den Anspruchsgrad entsprechend zu senken.

symbolisiert die einfachste Schwierigkeitsstufe

Symbolisiert die mittlere Schwierigkeitsstufe

symbolisiert die höchste Schwierigkeitsstufe

[2] Rinschede, Gisbert (2007): Geographiedidaktik. 3. Auflage, S.184.

2. Thema der Unterrichtsstunde

Diese Stunde stellt für die SchülerInnen eine Wiederholungs- und Vertiefungsstunde der Thematik des Bruchrechnens dar und gleichzeitig den Einstieg für das geplante Stationenlernen. Da die SchülerInnen bereits mit der Arbeitsform des Stationenlernens gearbeitet haben, werden in der Einstiegsphase die in Erinnerung gebliebenen Regeln und Abläufe zu dieser Methode in Form eines Brainstormings gesammelt. Diese werden dann an der Tafel zusammengetragen und ein gemeinsames Regelwerk erarbeitet. Weiterhin werden die einzelnen Stationen sowie der Laufzettel kurz vorgestellt. Darauf folgt die selbstständige Arbeitsphase an den Stationen, bevor am Ende der Stunde einzelne Stationen durch die SchülerInnen reflektiert werden.

3. Unterrichtsziele

Station	Unterrichtsziel
1: Das zerbrochene Quadrat	Inhaltlich-fachlich: Die SchülerInnen sollen den Zusammenhang zwischen den bereits bekannten Streifenmodellen und den neuen geometrischen Figuren erkennen und ihr Wissen in diesem neuen Kontext anwenden. Dabei sollen Flächenanteile eines Ganzen erkannt und einem gewöhnlichen Bruch zugeordnet werden.
2.: Würfele, rechne und gewinne!	Inhaltlich-fachlich/Sozial-kommunikativ: Die SchülerInnen sollen die erlernten Verfahren, wie das Erweitern, Kürzen, Addieren und Vergleichen von Brüchen anwenden. Außerdem sollen sich die SchülerInnen während des Spiels arrangieren und ggf. unterstützen.
3: Geschicktes Zeichnen und Schneiden	Inhaltlich-fachlich: Die SchülerInnen können ihre bildliche Vorstellung von Brüchen weiter schulen.
4: Teilbarkeitsregeln	Inhaltlich-fachlich: Die SchülerInnen können ihre Kenntnisse über die Teilbarkeitsregeln festigen.
5: Das Zauberquadrat	Inhaltlich-fachlich/Methodisch-strategisch: Die SchülerInnen üben die Addition von Brüchen in einem Zauberquadrat, das sie bereits aus der Grundschule kennen. Darüber hinaus geht es darum, bei der Aufgabe eine Strategie zu entwickeln, das Quadrat weiter mit Brüchen zu vervollständigen.
6: Der vierte Bruch gewinnt!	Inhaltlich-fachlich/Sozial-kommunikativ: Die SchülerInnen sollen das Erweitern und Kürzen von Brüchen vertiefen. Ebenso sollen

	die SchülerInnen sich gegenseitig austauschen und die Zusammenarbeit mit anderen trainieren.
7: Begriffs-Chaos	Inhaltlich-fachlich: Die SchülerInnen sollen die Begriffsdefinitionen der Bruchrechnung festigen und erweitern.
8: Geteilte Formen	Inhaltlich-fachlich: Die SchülerInnen können ihre bildliche Vorstellung über die gewohnten Darstellungsformen von Brüchen weiter schulen.
9: Da fehlt doch was?!	Inhaltlich-fachlich: Die SchülerInnen sollen geometrische Figuren zu einem Rechteck ergänzen und die jeweiligen Brüche bestimmen. Damit wird sowohl die bildliche Vorstellung eines Bruches studiert, als auch die Addition gleichnamiger Brüche geübt. Die SchülerInnen sollen sich vergewärtigen, dass ein gewöhnlicher Bruch immer zu einem Ganzen ergänzt werden kann.
10: Wer hat sich eingemischt?	Inhaltlich-fachlich: Die SchülerInnen sollen das Kürzen von Brüchen, auch mit größeren Teilern, wiederholen.
11: Detektive in der Schule	Inhaltlich-fachlich: Die SchülerInnen sollen eine Sachaufgabe in eine Additionsaufgabe überführen und die Summe der Brüche zu einem Ganzen ergänzen.
12: Die Rechenrallye	Inhaltlich-fachlich: Die SchülerInnen sollen gemischte Brüche nacheinander subtrahieren/addieren. Zeitgleich wiederholen sie das gegenseitige Umformen von gemischten und gewöhnlichen Brüchen.

Zusätzlich zu den Lernzielen für die jeweiligen Stationen gibt es einige allgemeine Unterrichtsziele:

Sozial-kommunikative Ziele:

Die SchülerInnen üben das Zusammenarbeiten, indem sie sich bei Schwierigkeiten gegenseitig helfen.

Die SchülerInnen geben dem Plenum eine Rückmeldung zu ihrer Arbeit, indem sie andere über die von ihnen bearbeiteten Stationen informieren und ihre Ergebnisse verbalisieren.

Inhaltlich-fachliche Ziele:

Die SchülerInnen artikulieren ihr bereits vorhandenes Wissen über das Stationenlernen und reproduzieren damit Regeln und Begriffe.

Methodisch-strategische Ziele:

Die SchülerInnen trainieren das eigenverantwortliche Arbeiten, indem sie sich die Stationen und die Arbeitszeit selbst einteilen.

4. Didaktische Schwerpunktsetzung

Das Stationenlernen bietet sich in dieser Klasse an, da sie ein breites Spektrum an Leistungsniveaus, nicht nur in der Mathematik, sondern auch in den sprachlichen Kompetenzen fasst. So fällt es vielen Kindern schwer den Inhalt von Sachaufgaben und Texten im Allgemeinen zu erfassen. Dies wurde bei der Konzeption der Stationen berücksichtigt, so dass bei Stationen mit längeren Textpassagen immer zwei Kinder zusammen arbeiten und sich dadurch gegenseitig unterstützen können. Weiterhin ist das Stationenlernen als Übungseinheit angelegt, damit SchülerInnen mit Wiederholungsbedarf die Möglichkeit zur Festigung des Basiswissens erhalten und die leistungsstärkeren SchülerInnen ihre Grundlagen vertiefen und erweitern können.

An den Stationen soll möglichst jeder Lerntyp angesprochen werden und damit den natürlichen Umgang mit Brüchen fördern. Aus diesem Grund gibt es sowohl Stationen, an denen das Mathematisieren im möglichst spielerischen Umgang mit anderen gelingen soll, als auch Stationen, an denen auf Anhieb mathematische Prozesse vollzogen werden müssen.

Auf diese Weise wird ein differenziertes Lernangebot geschaffen, in dem sich möglichst jeder wieder findet und die Chance hat die Aufgaben im Rahmen seiner Möglichkeiten und Fähigkeiten zu bearbeiten. Bei der Umsetzung wird dies durch mehrere Ansätze gelöst: Zum einen ist das Angebot der Wahlstationen groß, da nur eine bestimmte Anzahl an Erweiterungsstationen gelöst werden muss, so dass sich jeder mit dem Thema beschäftigt, aber dennoch Aufgaben auslassen kann, mit denen er sich überfordert fühlt.

Außerdem gibt es für die schwierigen Stationen Hilfestellungen, die freiwillig eingeholt werden können – dies jedoch nur beim Lehrer, nach vorheriger Anfrage, da die Missbrauchsgefahr der Hilfezettel sonst zu hoch ist. Diese Überlegung ist kritisch zu betrachten, da jeder der Hilfe braucht, danach fragen muss und sich möglicherweise bloßgestellt fühlt. Andererseits ist das Nachfragen während eines Stationenlernens nicht so auffällig, da die anderen SchülerInnen mit ihrer Arbeit beschäftigt sind und die Lösungen für fertige Stationen ebenfalls vorne ausliegen.

Ein weiterer Vorteil in der Arbeit an Stationen besteht darin, dass jeder sein eigenes Arbeitstempo bestimmen kann und auf diese Weise nicht unter Stress gerät.
Um die Eigenständigkeit der SchülerInnen zu fördern und die Zusammenarbeit in der Klasse zu stärken, wird an der Tafel eine Stationenübersicht angebracht, an der die SchülerInnen sehen können, wen sie bei eventuellen Problemen an einer Station um Hilfe bitten können. Sollte dies unzureichend sein, kann anschließen die Hilfe der Lehrperson eingeholt werden.

5. Bezug zu den Kernlehrplänen

Das Thema Bruchrechnung ist sowohl in den Kernlehrplänen, als auch im schulinternen Lehrplan explizit in der sechsten Klasse verortet. Der schulinterne Lehrplan sieht ebenfalls die Förderung der sozialen und personalen Kompetenzen vor, *„...indem [die SchülerInnen] lernen Verantwortung für das eigene Lernen zu übernehmen und bewusst Lernstrategien einzusetzen.*[3]*"* Dieser Forderung kommt das Stationenlernen in Gänze entgegen (siehe: didaktische Schwerpunktsetzung). Weiterhin werden Kompetenzen aus den verschiedenen Bereichen der Lehrpläne aufgegriffen und gefördert:

- Lösen: Übersetzen Situationen aus Sachaufgaben in mathematische Modelle.
- Darstellen: Dokumentieren ihre Arbeit, ihre eigenen Lösungswege und aus dem Unterricht entwachsene Merksätze und Ergebnisse.
- Konstruieren: Benutzen Lineal, Geodreieck zum Messen und genauen Zeichnen.

6. Die Lerngruppe

Die Klasse 6a ist eine integrative Klasse von 18 Schülerinnen und Schülern. Davon sind 6 weiblich und 12 männlich. In dieser Klasse werden Regelschulkinder und Kinder mit sonderpädagogischen Förderbedarf gemeinsam unterrichtet. Die Notwendigkeit des Förderbedarfs ist bei vier Kindern dieser Klasse diagnostiziert. Aus diesem Grund findet der Unterricht in den Hauptfächern in einer Doppelbesetzung von Lehrkräften statt. Eine der beiden Lehrkräfte verfügt über eine sonderpädagogische Ausbildung und differenziert die Unterrichtsinhalte bei Bedarf entsprechend für die jeweiligen SchülerInnen. Der Mathematikunterricht selbst findet differenziert statt, sodass die SchülerInnen mit sonderpädagogischem Förderbedarf die bestmögliche Beschulung erfahren. Soweit wie möglich wird jedoch ein gemeinsames Erarbeiten der Unterrichtsinhalte praktiziert. Aus diesem Grund nehmen vier Kinder nicht am Mathematikunterricht im Klassenverband teil. Diesbezüglich ist ein Schüler gesondert zu erwähnen. Wurde dieser noch vor einiger Zeit

---

[3] Standortlehrplan Mathematik (2010)

gemeinsam mit den anderen GU-Schülern durch die Sonderpädagogin unterrichtet, erlernt er nun die Mathematik mit den Regelschülern und wird zielgleich bewertet (d. h. die Bewertung seiner Leistungen erfolgt ebenfalls durch das Notensystem).

Insgesamt zeichnet sich die Klasse, auch durch den gemeinschaftlichen Unterricht, durch ein recht gutes Sozialverhalten aus. In der Klasse sind jedoch drei Jungen denen es schwer fällt auf ihrem Platz sitzen zu bleiben und konzentriert in einer Gruppe zu arbeiten. Oft rufen sie in die Klasse hinein. Allerdings werden schwächere SchülerInnen unterstützt, dieser Fakt wird zudem noch durch die besehende Sitzordnung an Gruppentischen unterstützt. Es herrscht ein angenehmes Klassenklima. Dieses wird durch die wöchentliche Sitzplanrotation gefördert. Die Tischnachbarn werden zufällig durch Memorykarten ermittelt. Den Gruppentisch dürfen sich die Tischnachbarn dann jedoch gemeinschaftlich aussuchen. Die SchülerInnen müssen sich mit dem jeweiligen Tischnachbarn arrangieren, durch dieses Vorgehen wird das Bilden und Aufrechterhalten einer positiven Klassengemeinschaft immer wieder unterstützt.
Weiterhin bringt die ansprechende Gestaltung des Klassenraumes eine positive Grundstimmung hervor. Neben Pflanzen und Bildern an den Wänden existiert in diesem Klassenraum auch eine Computerecke, eine Regal mit Materialien zu Freiarbeit und eine Sternchentafel, an der die Schülerinnen Pluspunkte im Sinne des Token-Systems sammeln können.
Bei allen klasseninternen Entscheidungen und Organisationsaufgaben werden die SchülerInnen immer wieder partizipiert, sodass sie lernen Verantwortung für Klassenkameraden aber auch ihren Klassenraum selbst zu übernehmen.

7. Verlaufsplan

Phase	**Inhalt / Lehrer- bzw. Schülerverhalten**	**Methode / Medien / Sozialform**	**Didaktisch-methodischer Kurzkommentar**
Einstieg	Gewinnung der Aufmerksamkeit durch Brainstorming zum Stationenlernen, Entwicklung eines Mindmap mit Vervollständigung zum Regelkatalog, Vorstellen Laufzettel, kurzes Vorstellen der Stationen, Vorstellen Helfersystem	Piktogramm (Stationenlernen) Karten-Mindmap Meldekette Regelplakat Tafel OHP/-Folien Unterrichtsgespräch	o SuS sollen ihr Wissen zum Stationenlernen reproduzieren o SuS erläutern ihren Beitrag o Motivation o Sus hören aufmerksam zu o SuS lernen ihre Stationen kennen

			o SuS lesen die Aufgabenstellung
Erarbeitung	SuS beginnen an den Stationen zu arbeiten	Stationenlernen Stationenmaterial	o SuS lesen vor o SuS bearbeiten die Aufgaben selbstständig
Sicherung	Sus beenden die Arbeitsphase, Reflexion und Bewertung der Stationen, Verabschiedung	Laminate Meldekette	o SuS fassen die Arbeit an den Stationen mündlich zusammen o SuS formulieren Feedback

8. Literatur und Anhang

I. Rinschede, Gisbert: Geographiedidaktik (2007). 3. Auflage.

II. Standortlehrplan (2010)

III. Golenia, Jürgen; Prof. Dr. Neubert, Kurt (Hrsg.) (2006): Mathematik 6. Denken und Rechnen.

Laufzettel von

____

Station und Nummer	Pflicht- oder Wahlstation	Einzel- oder Partnerarbeit	Schwierigkeitsstufe	Erledigt	Kontrolliert
1: Das zerbrochene Quadrat	Wahlstation				
2: Würfele, rechne und gewinne!	Pflichtstation				
3: Geschicktes Zeichnen und Schneiden	Wahlstation				
4: Teilbarkeitsregeln	Pflichtstation				

5: Das Zauberquadrat	*Wahlstation*				
6 Der vierte Bruch gewinnt!	*Wahlstation*				
7: Begriffs-Chaos	*Pflichtstation*				
8: Geteilte Formen	*Wahlstation*				
9: Da fehlt doch was?!	*Wahlstation*				
10: Wer hat sich eingemischt?	*Pflichtstation*				
11: Detektive in der Schule	*Wahlstation*				
12: Die Rechenrallye	*Pflichtstation*				

Entwurf für das „Regelplakat“

- Trage deinen Namen auf den Laufzettel ein.
- Bearbeite zuerst die Pflichtstationen.
- Beginne erst danach die fünf Wahlstationen zu bearbeiten.
- Beginne erst mit einer neuen Station, wenn du eine andere fertig bearbeitet hast.
- Beginne in der Folgestunde immer mit der Station, die du noch nicht fertig hast.
- Wenn du Fragen hast, solltest du zuerst an die Expertentafel gehen und nachschauen, ob dir jemand bei deinen Problemen helfen kann. Erst, wenn dir niemand helfen kann, kannst du nach vorne zum Lehrer kommen.
- Bei den schwierigen Stationen kannst du dir vor die Hilfekarte anschauen.
- Arbeite so, dass niemand gestört wird.
- Sprich’ bei der Partnerarbeit mit der 10cm-Stimme.
- Schleiche durch die Klasse.
- Hörst du die Klingel einmal, bist du bitte noch leiser als vorher.
- Hörst du die Klingel zweimal, dann stellst du die Arbeit ein, richtest deine Aufmerksamkeit auf die Lehrerin und hörst zu!

Station 1

„Das zerbrochene Quadrat"

Aufgabe:

1. In der Schachtel liegen zwei Tüten. Nimm dir zuerst die Tüte mit den Vierecken. Alle Vierecke mit der gleichen Zahl sind gleich groß. Versuche sie so auf das Quadrat zu legen, sodass alle Vierecke hineinpassen.
   Bestimme jetzt den Bruchteil der einzelnen Vierecke vom ganzen Quadrat.
2. In der Schachtel liegt jetzt noch eine zweite Tüte. In dieser findest du einige Dreiecke. Auf ihnen sind ebenfalls Zahlen. Wenn zwei Dreiecke die gleiche Zahl haben, dann sind sie gleich groß. Versuche sie so in das Quadrat zu legen, dass alle Dreiecke hineinpassen.
   Bestimme jetzt den Bruchteil der einzelnen Dreiecke von Quadrat.

Hilfe für Station 1

War dir diese Station zu kniffelig?
Keine Angst!, hier kommt Hilfe!

Hattest du Probleme die Figuren in das Quadrat zu legen? Tipp:

- Versuche mal das größte Dreieck/Viereck in die Ecke des Quadrates zu legen.
- Die beiden kleinen Dreiecke/Vierecke liegen immer direkt aneinander.

Oder hattest du Probleme dabei die Bruchteile der Vierecke/Dreiecke zu bestimmen?

- In den letzten Stunden haben wir immer gleich große Rechtecke nebeneinander gehabt. Wenn du dich nicht mehr erinnern kannst. Hier unten kannst du dir das noch einmal ansehen. Manche waren gefärbt und manche nicht. Alle zusammen machten dann den Wert des Nenners aus. Diejenigen, die eingefärbt waren machten den Wert des Zählers aus. Wenn nun also 3 Rechtecke eingefärbt sind und es gibt insgesamt 4, dann hieß der Bruch $\frac{3}{4}$.

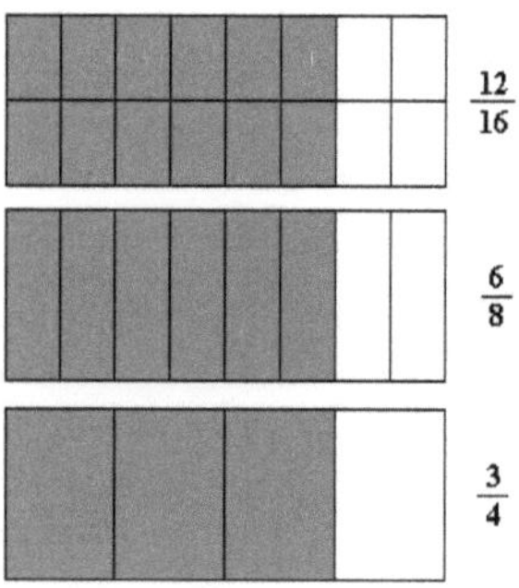

- Bei der Station 1 ist es so ähnlich. Du musst schauen, wie oft das kleinste Dreieck/Viereck in das Quadrat hineinpasst. Probier es mal aus. Diese Anzahl macht dann den Wert des Nenners aus. Sagen wir mal es passt 15 mal in das Quadrat, dann ist der Nenner 15. Ein kleines Dreieck ist ja 1 Teil vom Quadrat. Das ist dann der Zähler. Damit hieße der Bruch $\frac{1}{15}$.
- Und was ist mit dem nächst größerem Dreieck/Viereck (Nr.2)? Dann könnte man doch auch sagen, dass es 2 kleine Dreiecke sind! Also: $\frac{2}{15}$. Jetzt bist du dran…!

Lösung für Station 1

Die Dreiecke

Das Dreieck (1) ist das größte und macht $\frac{8}{16} = \frac{1}{2}$ Bruchteil der Fläche des Quadrates aus.

Das Dreieck (2) macht $\frac{4}{16} = \frac{1}{4}$ Bruchteil der Fläche des Quadrates aus.

Das Dreieck (3) macht $\frac{2}{16} = \frac{1}{8}$ Bruchteil der Fläche des Quadrates aus.

Die Dreiecke (4) und (5) sind gleich groß. Sie machen jeweils $\frac{1}{16}$ Bruchteil der Fläche des Quadrates aus.

Die Vierecke

Die Vierecke (1), (2) und (4) sind gleich groß. Sie machen $\frac{2}{16} = \frac{1}{8}$ Bruchteil der Fläche des Quadrates aus.

Die Vierecke (3) und (7) machen jeweils $\frac{4}{16} = \frac{1}{4}$ Bruchteil der Fläche des Quadrates aus.

Die Vierecke (5) und (6) machten jeweils $\frac{1}{16}$ Bruchteil der Fläche des Quadrates aus.

Station 2

„Würfle, rechne und gewinne!“

1. Seht euch die Würfel an:
Auf einem Würfel seht ihr die zwei Rechenzeichen: Plus („+“) und Minus („-“). Die anderen beiden Würfel sind ganz normale Würfel mit den Zahlen von 1 bis 6.

2. Spielregeln:

- **Spieler 1** würfelt als erstes mit den beiden Zahlenwürfeln. Daraus sollst du jetzt einen Bruch bilden. Z.B.: Du würfelst eine 3 und eine 4. Daraus kannst du daraus den Bruch $\frac{3}{4}$ oder den Bruch $\frac{4}{3}$ bilden. Das ist deine Entscheidung.
- Nun würfelt **Spieler 1** noch einmal. Wieder hast du zwei Zahlen, aus denen du einen Bruch bildest.
- Als letztes würfelt **Spieler 1** mit dem bunten Würfel. Auf diesem steht nun entweder ein Plus oder ein Minus. Nun kannst du in beliebiger Reihenfolge die beiden Brüche addieren oder subtrahieren, je nachdem was der bunte Würfel anzeigt.

Beispiel:

Würfel 1	**Würfel 2**	**Bunter Würfel**	**Rechnung**	**Eventuell gleichnamig machen**	**Ergebnis**	**Punkte**
3 und 4	1 und 2	+	$\frac{3}{4}+\frac{1}{2}$	$\frac{3}{4}+\frac{2}{4}$ (erweitert mit 2)	$\frac{5}{4}$	?????

-

- **Spieler 2** macht nun genau das gleiche.
- Die Rechnungen könnt ihr auf diesem Blatt eintragen. Manchmal muss man die Brüche gleichnamig machen, um auf das Ergebnis zu kommen.
- Wenn jeder Spieler einmal an der Reihe war, dann bekommt derjenige einen Punkt, der das höchste Ergebnis hat.
- Das macht ihr so lange, bis jeder viermal gewürfelt hat.

Viel Spaß!

Würfel 1	**Würfel 2**	**Bunter Würfel**	**Rechnung**	**Eventuell gleichnamig machen**	**Ergebnis**	**Punkte**
						Summe:

Station 3

„Geschicktes Zeichnen und Schneiden"

Aufgabe:

Vor dir in der Kiste liegen mehrere Pappkartons. Nehme dir von jeder Farbe einen Pappkarton heraus. Auf jeden Pappkarton sollst du die unten stehenden Brüche einzeichnen und anschließend ausschneiden. Überlege gut, wie du das am besten machst. Miss den Karton am besten aus, bevor du loslegst. Schreibe anschließend auf die Pappe, um welchen Bruch es sich handelt.

a) $\frac{3}{4}$ b) $\frac{2}{3}$ c) $\frac{5}{6}$ d) $\frac{11}{12}$ e) $\frac{7}{9}$

Beispiel: $\frac{1}{2}$

Im Nenner steht eine 2, also muss ich die Pappe in zwei Teile teilen. Im Zähler steht eine 1, darum brauche ich nur einen Teil der beiden. Die Pappe, die ich ausschneide ist dann $\frac{1}{2}$ von der ganzen Pappe. Jetzt brauche ich nur noch den Bruch auf mein ausgeschnittenes Stück schreiben.

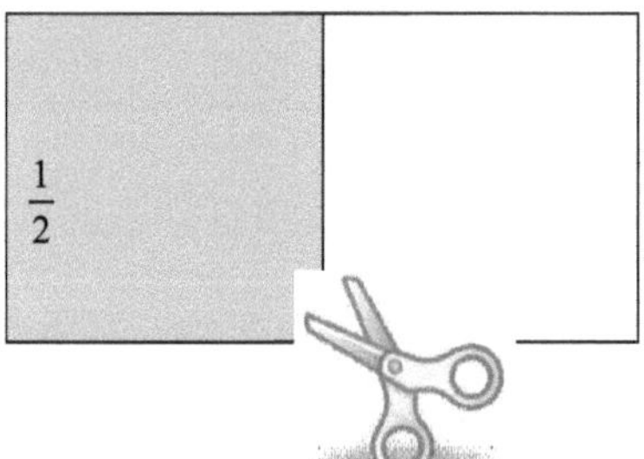

Viel Erfolg!

Lösung für Station 3

a) $\frac{3}{4}$

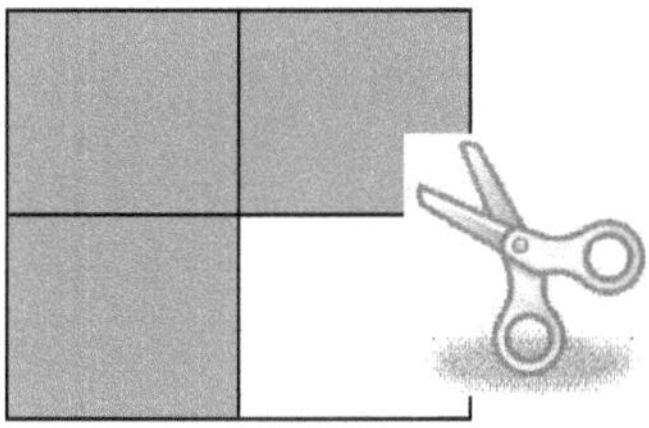

b) $\frac{2}{3}$

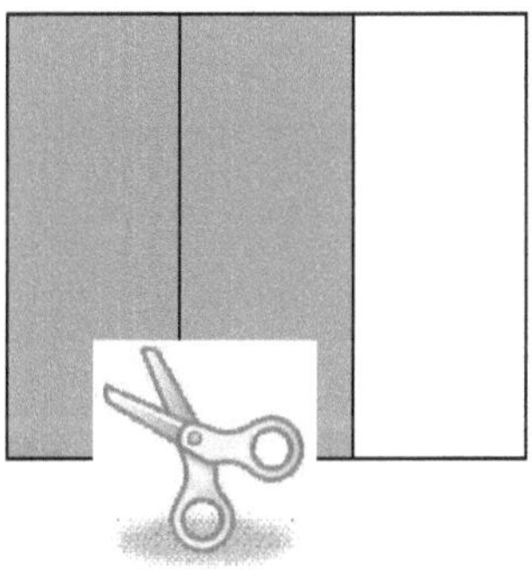

c) $\frac{5}{6}$

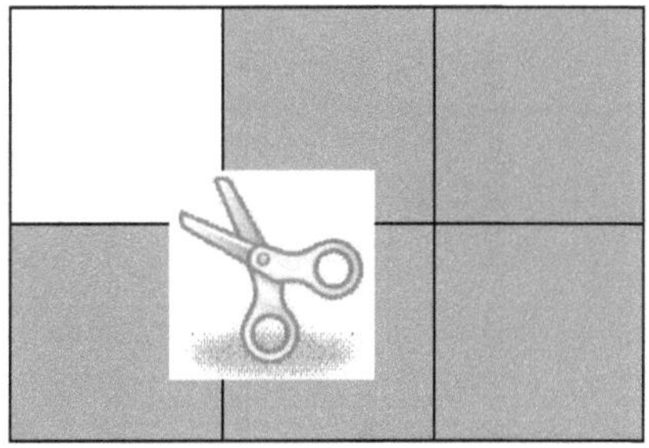

d) $\frac{11}{12}$

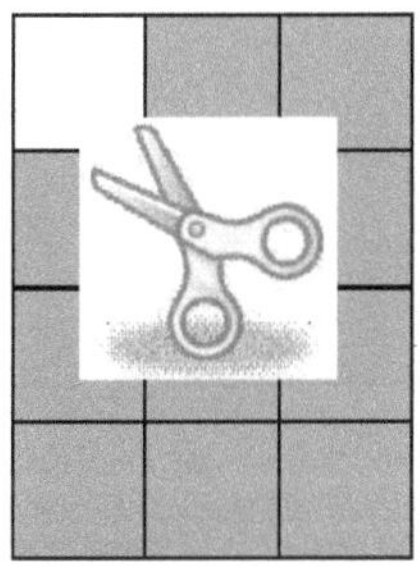

e) $\frac{7}{9}$

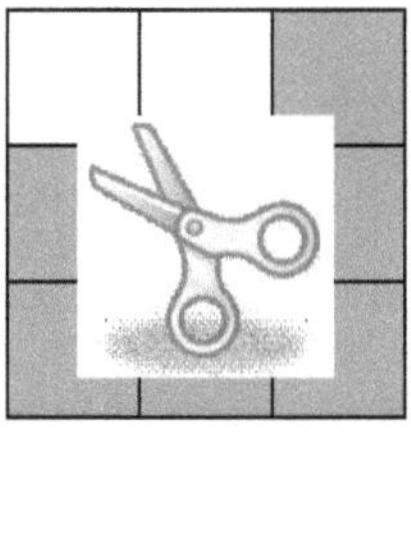

Station 4

„Teilbarkeitsregeln“

Aufgabe:

Du kennst bereits die Teilbarkeitsregeln aus den vergangenen Unterrichtsstunden. Sie helfen dir bei dieser Aufgabe ohne viel rechnen zu müssen.

Kreuze in der Tabelle an, welche Teiler die jeweilige Zahl hat.

	Teilbar durch			
	2	3	5	10
649 060				
357 975				
454 320				
648 090				
203 454				

Lösung für Station 4

	Teilbar durch			
	2	3	5	10
649 060	ja	nein	ja	ja
357 975	Nein	Ja	Ja	Nein
454 320	Ja	Ja	Ja	Ja
648 090	Ja	Ja	Ja	Ja
203 454	Ja	Ja	Nein	Nein

Station 5

„Das Zauberquadrat"

Was ist denn ein Zauberquadrat?
Rechnet man in einem Zauberquadrat jede Zeile, Spalte oder die Diagonale aus, so erhält man immer die gleiche Summe.

Beispiel:

Spaten

Diagonale

Zeilen

4	3	8
9	5	1
2	7	6

In jeder Zeile, Spalte kann man die Summe 15 errechnen. Man nennt diese Zahl auch Zauberzahl.

Aufgabe:

Berechne in dem folgenden Zauberquadrat zunächst die Zauberzahl. Wenn du diese weißt, kannst du geschickt die anderen Brüche ergänzen. Manchmal musst du die anderen Brüche erweitern, damit du auf die Zauberzahl kommst. Dazu liegen auf dem Tisch noch ein paar Blätter zum rechnen.

$\frac{4}{9}$	?	?
$\frac{1}{3}$	$\frac{5}{9}$	?
$\frac{8}{9}$	?	?

Viel Erfolg!

Hilfe für Station 5

War dir diese Station zu kniffelig?
Keine Angst, hier kommt Hilfe!

1) Erweitere erst einmal alle Nenner auf 9!
2) Noch zu schwer?
   - Rechne als erstes die drei grauen Felder zusammen. Das ist dann die Zauberzahl!
   - Dann rechne das Feld A in der Diagonalen aus.
     Also: $\frac{8}{9}+\frac{5}{9}+? =$ Zauberzahl (Die kennst du ja schon!)
   - Jetzt ist es auch nicht mehr so schwer!

$\frac{4}{9}$	?	A
$\frac{1}{3}$	$\frac{5}{9}$	?
$\frac{8}{9}$	?	?

Lösung für Station 5

Die Zauberzahl ist: $\frac{15}{9}$

$\frac{4}{9}$	$\frac{9}{9}$	$\frac{2}{9}$
$\frac{1}{3}$	$\frac{5}{9}$	$\frac{7}{9}$
$\frac{8}{9}$	$\frac{1}{9}$	$\frac{6}{9}$

Station 6

„Der vierte Bruch gewinnt!“

Vorbereitung:

Vor seht ihr einen Spielplan, auf dem viele verschiedene Brüche stehen. Manche Brüche sind bereits gekürzt und manche Brüche kann man noch weiter kürzen.
Jeder von euch sucht sich nun eine Farbe aus und nimmt die Kärtchen aus dem Karton.
Ihr habt jeder die gleichen Karten, jedoch in verschiedenen Farben. Setzt euch nebeneinander hin und legt den Spielplan direkt vor euch. Nun legt ihr auch die Karten umgedreht (so dass man die Brüche nicht sehen kann) vor euch.

Spielregeln:
Ziel des Spiels ist es, dass einer von euch vier Karten in seiner Farbe

waagerecht,

senkrecht

oder

diagonal

auf dem Spielplan liegen hat.

Eure Karten passen immer zu einem der Felder. Entweder ist der Bruch auf dem Feld gekürzt oder erweitert.
Der erste Spieler zieht eine von seinen Karten und dreht sie um, nun sucht er auf dem Feld nach dem passenden Bruch. Danach ist der zweite Spieler dran. Das macht ihr so lange, bis einer gewonnen hat.

Nicht verstanden?

Hier ein Beispiel: Der erste Spieler dreht eine Karte um. Auf dieser findet er den Bruch $\frac{2}{24}$. Nun sucht er auf dem Spielfeld nach dem passenden erweiterten oder gekürzten Bruch. Bei dieser Karte würde der Bruch $\frac{1}{12}$ passen.

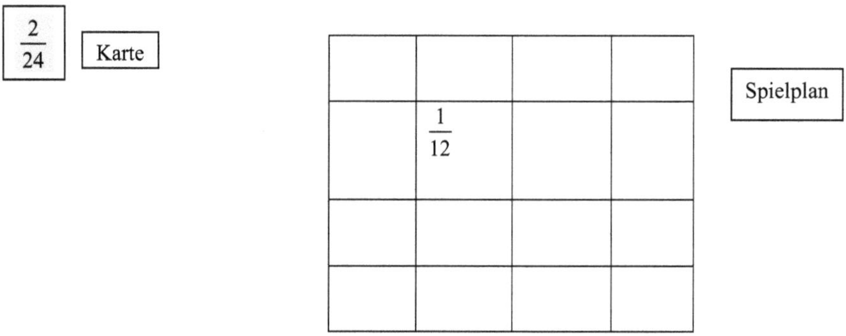

Viel Spaß!

Lösung für Station 6

Spielfeld

$\frac{2}{5}$	$\frac{6}{8}$	$\frac{7}{20}$	$\frac{20}{30}$
$1\frac{7}{14}$	$\frac{12}{5}$	$\frac{24}{7}$	$\frac{3}{6}$
$\frac{9}{15}$	$\frac{9}{10}$	$\frac{143}{143}$	$\frac{25}{100}$
$\frac{2}{16}$	$\frac{7}{8}$	$\frac{51}{12}$	$3\frac{2}{8}$

Passende Karten

$\frac{6}{15}$	$\frac{24}{32}$	$\frac{21}{60}$	$\frac{2}{3}$
$1\frac{1}{2}$	$2\frac{2}{5}$	$3\frac{3}{7}$	$\frac{1}{2}$
$\frac{3}{5}$	$\frac{90}{100}$	1	$\frac{1}{4}$
$\frac{1}{8}$	$\frac{35}{40}$	$\frac{17}{4}$	$\frac{26}{8}$

Station 7

„Begriffs-Chaos"

Aufgabe:
Ordne die verschiedenen Brüche den jeweiligen Begriffen zu!
Trage die richtigen Zahlen in die unten stehende Tabelle ein.

a) $\frac{5}{7}$ b) $\frac{3}{10}$ c) $\frac{21}{7}$ d) $\frac{3}{2}$ e) $2\,\frac{7}{9}$

1) unechter Bruch
2) Zehnerbruch
3) Scheinbruch
(Das ist ein Bruch, der nach dem Kürzen zu einer normalen Zahl wird.)
4) echter Bruch
5) gemischter Bruch

Bruch	a)	b)	c)	d)	e)
Begriff					

Viel Erfolg!

Lösung für Station 7

a) $\frac{5}{7}$ b) $\frac{3}{10}$ c) $\frac{21}{7}$ d) $\frac{3}{2}$ e) $2\frac{7}{9}$

1) unechter Bruch
2) Zehnerbruch
3) Scheinbruch
(Das ist ein Bruch, der nach dem Kürzen zu einer normalen Zahl wird.)
4) echter Bruch
5) gemischter Bruch

Bruch	a)	b)	c)	d)	e)
Begriff	4)	2)	3)	1)	5)

Station 8

„Geteilte Formen“

Aufgabe:
Welcher Bruchteil der Figuren ist grau gefärbt? Schreibe den passenden Bruch neben die Figuren.

a)

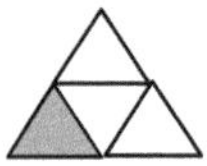

b)

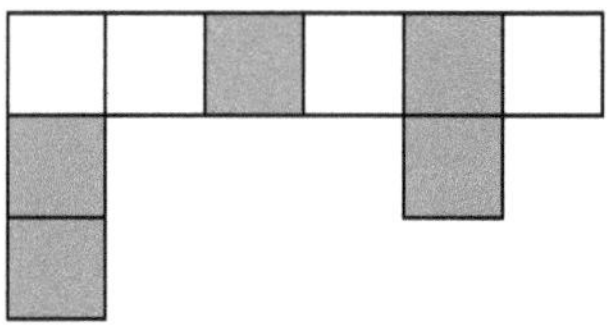

c)

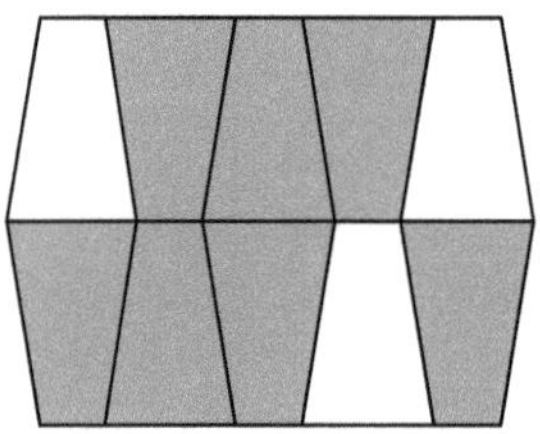

d)

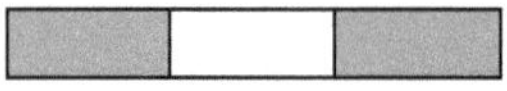

Viel Erfolg!

Lösung für Station 8

a)

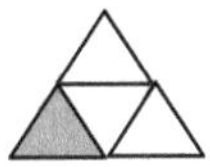

$\frac{1}{4}$

b)

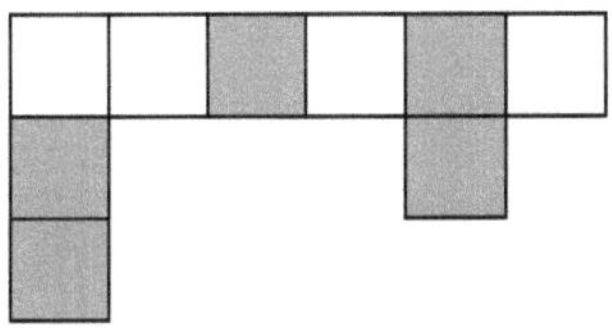

$\frac{5}{9}$

c)

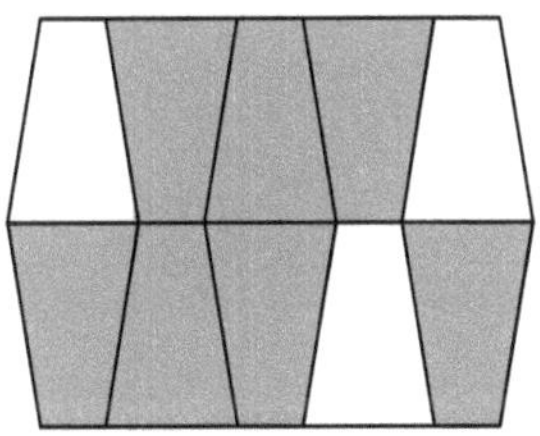

$\frac{7}{10}$

d)

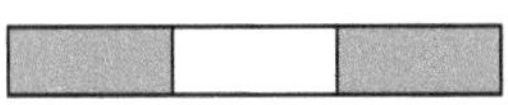

$\frac{2}{3}$

Station 9

„Da fehlt doch was?!

Aufgabe:
Wie du siehst, sind hier verschiedene Bruchteile eines Rechtecks dargestellt. Versuche sie zeichnerisch zu einem Ganzen zu ergänzen und notiere daneben, welcher Bruchteil fehlte!

a)

Es ist:	Es fehlten:
$\frac{1}{4}$	

b)

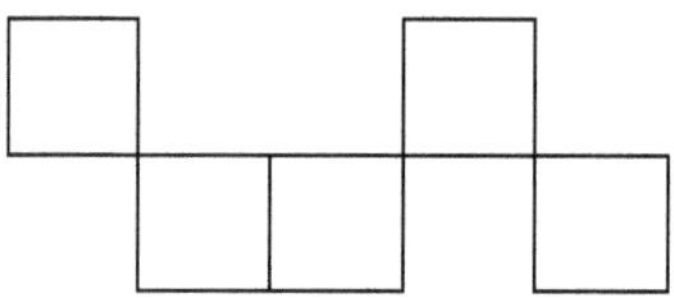

Es sind:	Es fehlten:
$\frac{5}{52}$	

c)

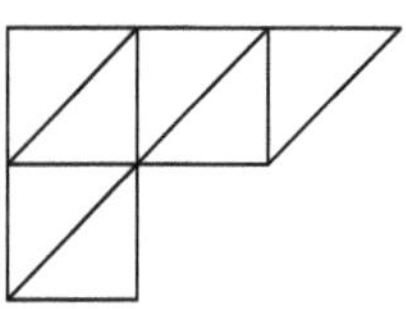

Es sind:	Es fehlen:
$\frac{7}{16}$	

Viel Erfolg!

Hilfe für Station 9

War dir diese Station zu kniffelig?
Keine Angst!, hier kommt Hilfe!

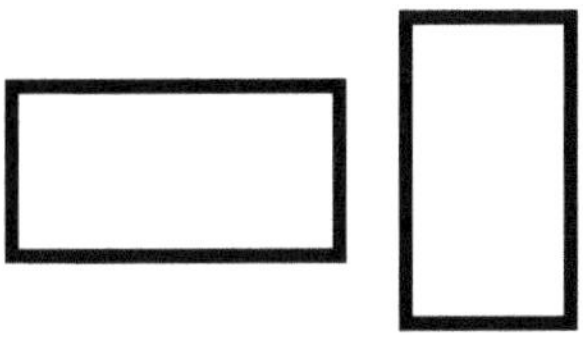

Deine Aufgabe ist es die Bruchteile zu so einem Rechteck zu ergänzen. Du siehst, dass es stehen oder liegen kann, je nachdem bei welcher der Aufgaben du gerade bist.

Komm', wir versuchen es einmal gemeinsam!

Das ist also $\frac{5}{12}$. Wie kann man das noch sagen? Hmm….. Der Nenner sagt: Es **gibt** 12 Teile eines Ganzen. Der Zähler sagt: Hier **sehen** wir 5 Bruchteile des Ganzen.

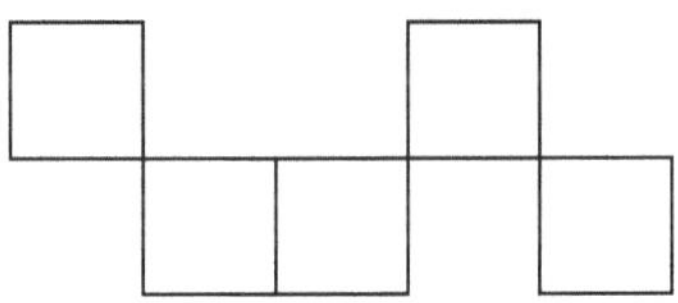

Wir müssen also noch 7 Bruchteile ergänzen um ein Ganzes zu haben. Denn: $\frac{5}{12} + \frac{7}{12} = \frac{12}{12}$ und das ist 1!

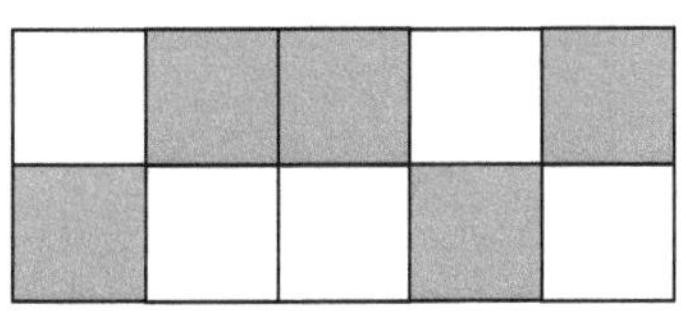

Lösung für Station 9

„Da fehlt doch was?!

a)

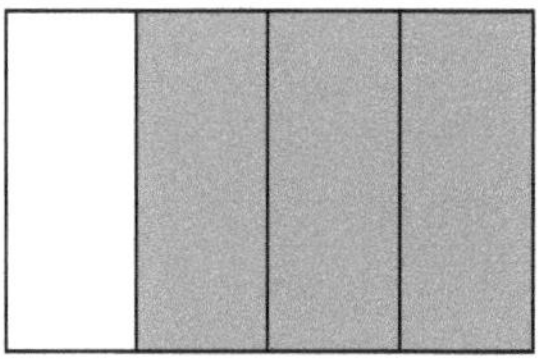

Es ist:	Es fehlten:
$\frac{1}{4}$	$\frac{3}{4}$

b)

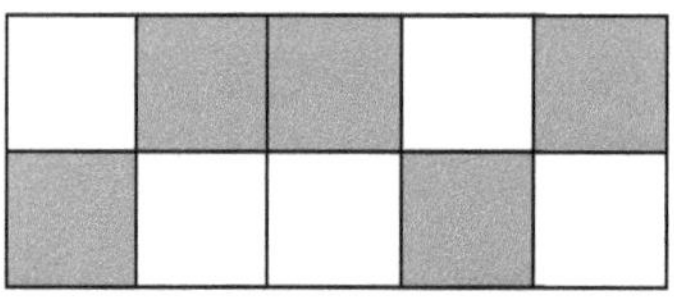

Es sind:	Es fehlten:
$\frac{5}{12}$	$\frac{7}{12}$

c)

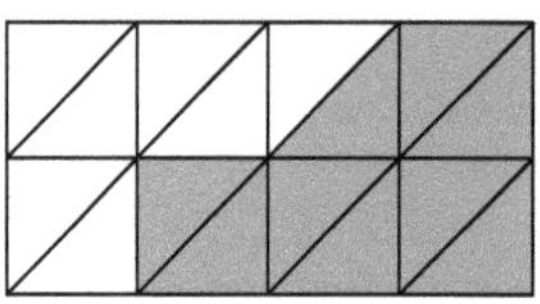

Es sind:	Es fehlten:
$\frac{7}{16}$	$\frac{9}{16}$

Station 10

„Welche Zahl hat sich eingemischt?

Aufgabe:
Mit welcher Zahl wurde hier gekürzt?

a) $\frac{51}{68} = \frac{3}{4}$ →

b) $\frac{60}{72} = \frac{5}{6}$ →

c) $\frac{16}{100} = \frac{4}{25}$ →

d) $\frac{144}{540} = \frac{4}{15}$ →

e) $\frac{56}{91} = \frac{8}{13}$ →

Viel Erfolg!

Lösung für Station 10

a) $\frac{51}{68} = \frac{3}{4}$ ➔ 17

b) $\frac{60}{72} = \frac{5}{6}$ ➔ 12

c) $\frac{16}{100} = \frac{4}{25}$ ➔ 4

d) $\frac{144}{540} = \frac{4}{15}$ ➔ 36

e) $\frac{56}{91} = \frac{8}{13}$ ➔ 7

Station 11

$\frac{2}{3}$ der Schüler trifft sich am liebsten mit Freunden.

$\frac{1}{5}$ der Schüler macht am liebsten ihre Hausaufgaben.

$\frac{1}{15}$ der Schüler liest am liebsten.

Hilfe für Station 11

**War dir diese Station zu kniffelig?
Keine Angst, hier kommt Hilfe!**

*Eigentlich ist diese Station einfacher, als du denkst!
Wenn alle Kinder der Schule 1 Ganzes sind und die Detektive auch alle befragt haben, dann dürfte auch nur ein Bruchteil übrig bleiben, der gerne am Mittag kochen hilft.*

Hier eine Idee:

… + … + … + … = 1

Vergiss nicht einen Antwortsatz zu schreiben!

Lösung für Station 11

Alle Kinder der Schule sind zusammen 1 Ganzes. Um nun zu wissen, wie viele Kinder mittags gerne beim Kochen helfen müssen wir also die Bruchteile (die anderen Lieblingsbeschäftigungen) zusammenrechnen.

$\frac{2}{3} + \frac{1}{5} + \frac{3}{35} + ? = 1$

Die Brüche müssen erweitert werden!

$\frac{60}{35} + \frac{3}{35} + \frac{3}{35} + ? = 1$

Nun ist es ganz einfach:

$? \rightarrow \frac{3}{35}$

Antwort: $\frac{3}{35}$ *der Schüler hilft mittags gerne beim Kochen.*

Station 12

„Die Rechenrallye"

Aufgabe:

Beginne die Rechenrallye mit irgendeiner Aufgabe. Wenn du das Ergebnis errechnet hast, dann wandele es wieder in einen gemischten Bruch um. Das Ergebnis sagt dir, wie es weiter geht. Wenn du alles richtig gerechnet hast, kommst du wieder beim Start an.

F: $2\frac{3}{4} - 1\frac{9}{20}$

J: $3\frac{1}{6} + 2\frac{1}{3}$

A: $3\frac{1}{4} + 1\frac{1}{6}$

H: $2\frac{2}{5} + \frac{7}{20}$

D: $4\frac{5}{12} - \frac{1}{\ }$

I: $5\frac{1}{2} - 3\frac{1}{10}$

C: $1\frac{3}{10} + 3\frac{1}{5}$

E: $2\frac{1}{12} + 1\frac{1}{6}$

B: $\frac{1}{2} + \frac{1}{3}$

G: $4\frac{5}{6} - 2\frac{3}{4}$

Lösung für Station 12

ANFANG:

(mit 5 erweitert) (mit 2 gekürzt)

F) $2\frac{3}{4} - 1\frac{9}{20} = \frac{11}{4} - \frac{29}{20} = \frac{55}{20} - \frac{29}{20} = \frac{26}{20} = \frac{13}{10}$

$= 1\frac{3}{10}$

(mit 2 erweitert) (mit 5 gekürzt)

C) $1\frac{3}{10} + 3\frac{1}{5} = \frac{3}{10} + \frac{16}{5} = \frac{13}{10} + \frac{32}{10} = \frac{45}{10} = \frac{9}{2}$

$= 4\frac{1}{2}$

(mit 3 und 2 erweitert)

B) $4\frac{1}{2} + \frac{1}{3} = \frac{9}{2} + \frac{1}{3} = \frac{27}{6} + \frac{2}{6} = \frac{29}{6} = 4\frac{5}{6}$

mit 2 und 3 erweitert

G) $4\frac{5}{6} - 2\frac{3}{4} = \frac{29}{6} - \frac{11}{4} = \frac{58}{12} - \frac{33}{12} = \frac{25}{12} = 2\frac{1}{12}$

(mit 2 erweitert) mit 3 gekürzt

E) $2\frac{1}{12} + 1\frac{1}{6} = \frac{25}{12} + \frac{7}{6} = \frac{25}{12} + \frac{14}{12} = \frac{39}{12} = \frac{13}{4}$

$= 3\frac{1}{4}$

mit 2 und 3 erweitert

A) $3\frac{1}{4} + 1\frac{1}{6} = \frac{13}{4} + \frac{7}{6} = \frac{39}{12} + \frac{14}{12} = \frac{53}{12} = 4\frac{5}{12}$

mit 3 erweitert | mit 2 gekürzt

D) $4\frac{5}{12} - 1\frac{1}{4} = \frac{53}{12} - \frac{5}{4} = \frac{53}{12} - \frac{15}{12} = \frac{38}{12} = \frac{19}{6} =$

$3\frac{1}{6}$

(mit 2 erweitert) | mit 3 gekürzt

J) $3\frac{1}{6} + 2\frac{1}{3} = \frac{19}{6} + \frac{7}{3} = \frac{19}{6} + \frac{14}{6} = \frac{33}{6} = \frac{11}{2}$

(mit 5 erweitert) | mit 2 gekürzt

$= 5\frac{1}{2}$

I) $5\frac{1}{2} - 3\frac{1}{10} = \frac{11}{2} - \frac{31}{10} = \frac{55}{10} - \frac{31}{10} = \frac{24}{10} = \frac{12}{5}$

$= 2\frac{2}{5}$

(mit 4 erweitert) | mit 5 gekürzt

H) $2\frac{2}{5} + \frac{7}{20} = \frac{12}{5} + \frac{7}{20} = \frac{48}{20} + \frac{7}{20} = \frac{55}{20} = \frac{11}{4}$

$= 2\frac{3}{4}$ ENDE